RECUEIL
DE POESIES
LATINES ET FRANÇOISES
SUR LES VINS
DE
CHAMPAGNE
ET DE
BOURGOGNE

A PARIS,

Chez la Veuve de Claude Thiboust,
ET
Pierre Esclassan, Libraire-Juré, & Imprimeur
ordinaire de l'Université, ruë S. Jean de Latran
vis-à-vis le College Royal.

M. DCC. XII.

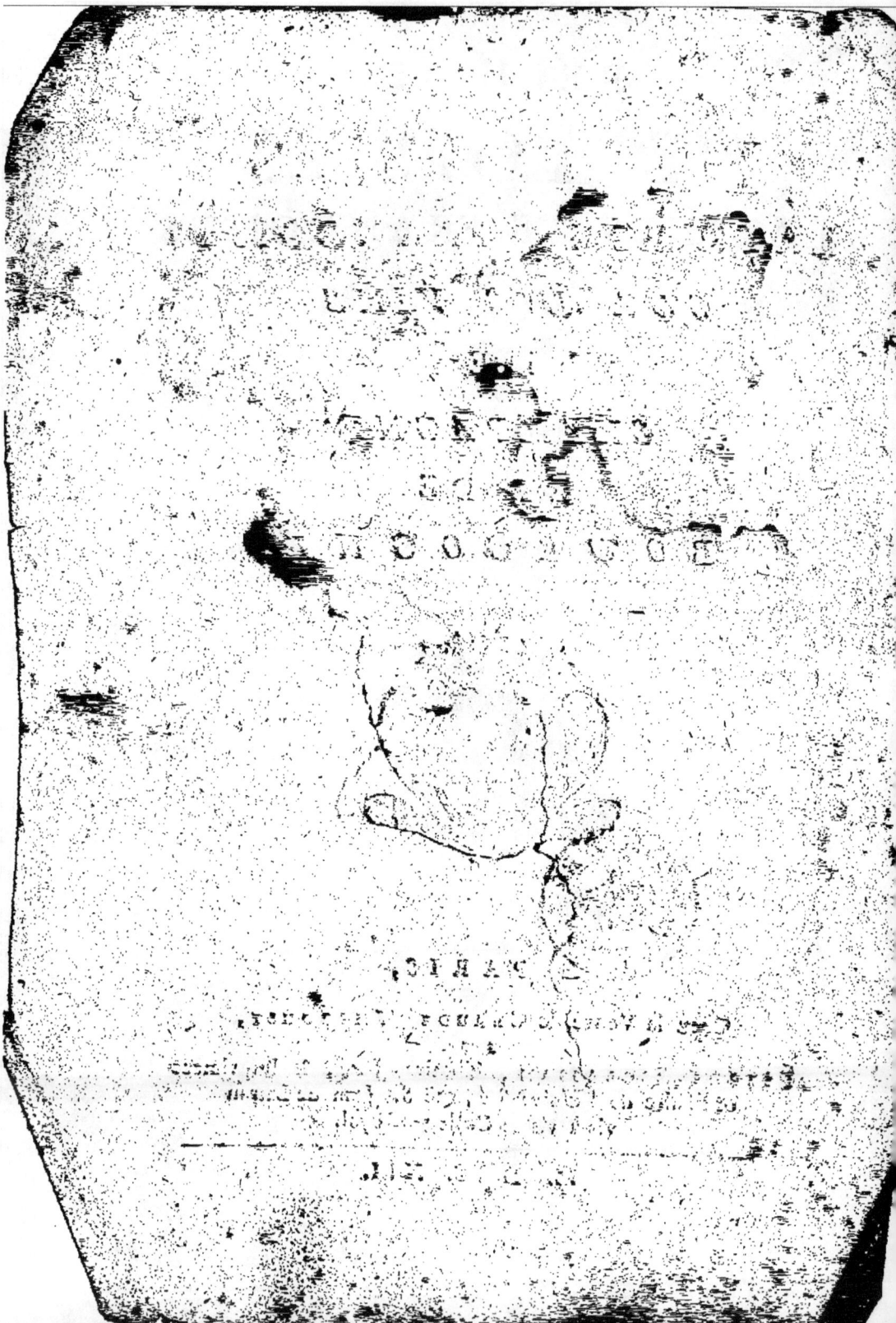

AVERTISSEMENT.

LA Querelle des Poëtes de Champagne & de Bourgogne, au sujet du merite des Vins de leurs pays,
n'est pas nouvelle. Dés l'année 1652. le sieur Ar-
bruet, Bachelier en Medecine de la Faculté de Paris, prit
pour Argument de sa These *an Vinum Belnense Remensi
suavius & salubrius?* & n'ayant apparemment jamais bû
de Vin de Champagne, qui pour lors étoit plus rare qu'il
ne l'est aujourd'huy à Paris, & ne se bûvoit qu'aux tables
des Princes & des Grands-Seigneurs, conclut aveuglément
pour le premier qu'il connoissoit, *ergo Vinum Belnense po-
tuum ut suavissimus, sic saluberrimus.* En 1700. au mois de
May, les Medecins de Reims firent soûtenir dans leurs Eco-
les une Proposition toute contraire, & conclurent avec plus
de connoissance de cause, *ergo Vinum Remense Vino Bur-
gundiano suavius est & salubrius.* Le sieur De Salins l'aî-
né, Medecin de Beaune, se déchaina fort contre cette These dans une Lettre Latine adressée à un Conseiller du Parlement de Dijon, qu'il rendit publique en 1705. il y fait, à
la verité, des remarques tres belles & tres curieuses : mais sa
prévention pour le Vin de Bourgogne le fait tomber dans des
absurdités qu'on ne peut luy passer ; & quoy que ce ne soit
pas icy le lieu de le réfuter, le Lecteur ne sera pas fâché qu'on
en rapporte deux que le sieur le Pêcheur Medecin de Reims
n'a pas assez touchées dans la réponse qu'il fit à cette Lettre, dés qu'elle parut. Il dit, page 16. *Qu'on ne connoît
le Vin de Champagne à Paris, que depuis 1648, c'est à
dire depuis que Messieurs LE TELLIER & COLBERT
l'ont mis en vogue par interêt, comme ayant beaucoup de
Vignes dans le territoire de Reims.*

La réponse que fit HENRY IV. de glorieuse memoire à
un Ambassadeur d'Espagne, dans une Audience de congé,
justifie pleinement le ridicule de cette proposition. Cet Ambassadeur qualifiant le Roy son maître, de Roy de tous les
Royaumes qui composent la Monarchie d'Espagne, & les

A ij

nommant l'un aprés l'autre, fans en omettre un feul. *Vous direz*, luy dit HENRY IV. en l'interrompant, *au Roy d'Efpagne, d'Arragon, de Caftille, de Leon &c. qu'Henry Roy de Gonesse & d'Ay &c.* Ce bon Prince n'oppofoit aux qualités du Roy d'Efpagne, que celle de Roy du bon Pain & du bon Vin. S'il avoit connu quelque endroit en France où il fe fut fait de meilleur Pain qu'à Gonefse, il n'auroit pas manqué de s'en dire Roy. Il en faut donc conclure que non feulement il connoifsoit le Vin de Reims; mais qu'il ne connoifsoit pas de Village en Bourgogne, dont le Vin valût celuy d'Ay en Champagne, puis qu'il s'en dit Roy. Quant à Mefsieurs le TELLIER & COLBERT, il eft faux qu'ils ayent jamais eu des vignes à Reims, & c'eft faire bien peu d'honneur au défintereffement de ces deux Grands - Hommes, que d'en parler avec fi peu de refpect.

La confequence qu'il tire encore page 27. en fa faveur, de ce que le Roy ne boit que du Bourgogne, n'eft gueres mieux fondée, il feroit à fouhaiter pour le bonheur de la France, & pour l'honneur de la Bourgogne, que ce grand Prince bût aufsi long-temps du vin de Beaune, qu'il en a beu de Reims.

Jufqu'icy les Mufes n'avoient point pris de party. Toûjours contentes de fe défalterer à la fontaine d'Hippocrene, elles avoient laifsé aux Medecins & aux Gourmets le foin de terminer ce different, auquel il leur paroifsoit qu'elles ne devoient jamais avoir de part: mais comme dans un repas, qu'Apollon leur donna au Carnaval dernier dans la Foreft Pieris, il leur eut fait fervir d'abord quelques Bouteilles de Bourgogne, Erato l'une de ces Buveufes d'eau, à qui deux verres de ce vin avoient donné dans la tefte, fortit de table avant le defsert pour aller dormir fur le Parnafse, & le lendemain en s'éveillant elle chanta fur fa lyre, en faveur de la Bourgogne, la premiere des deux Odes qui fuivent. Les autres qui tinrent table jufqu'à la fin, & qui par confequent bûrent des deux Vins, en fceurent faire la difference, & ne balancerent pas dés le premier coup de Vin de Reims qu'on leur fervit, à donner le prix à la Champagne. Elles envoyerent fur l'heure chercher leurs instrumens par Mercure, & toutes d'une voix entonnerent la seconde Ode cy-après. Erato, quoique fachée de se trouver seule de son sentiment, ne voulut pourtant point se dédire, soit qu'elle crût effectivement qu'il ne pouvoit y avoir de meilleur Vin que celuy qu'elle avoit bû, soit que la honte d'un désaveu l'emportast chez elle sur l'amour de la verité : mais sentant ses forces trop foibles pour tenir seule contre toutes ses Sœurs, elle interessa dans sa cause Esculape fils d'Apollon, par une Requeste qu'elle luy présenta, & qui fait la troisiéme Piece de ce Recueil. Esculape ravi de trouver cette occasion de se venger sur les Muses filles de Jupiter, d'un coup de foudre qu'il avoit autre fois receu de leur Pere, donna de prompts ordres à tous les Medecins du Monde, sous peine d'être dégradés, de tenir pour la Bourgogne contre la Champagne, & fit partir en poste son Fils Macaon, pour les porter à la Faculté de Medecine de l'Isle de Cô, qui les reçut avec respect. En conséquence elle fit quelques jours après, le Decret qui suit icy la Requeste. Dans cet intervalle les Muses alarmées de l'opiniâtreté de leur Sœur, qui avoit quitté le Parnasse pour suivre Esculape, luy écrivirent qu'il ne falloit pas que si peu de chose les désunit: qu'elles étoient prêtes à se remettre à table avec elle, pour faire l'épreuve des deux Vins, & qu'elles ne doutoient point que ce ne fût le meilleur moyen de la tirer de son erreur. Leur lettre est la derniere dans l'ordre du Recueil.

On joint icy à côté de chaque piece la Traduction Françoise, qui en a esté faite en faveur des Dames.

Beau Sexe, à qui des deux donnés vous la victoire?
  En tout vôtre goût est divin.
Beaune & Reims aujourd'huy se disputent la gloire
  D'avoir le plus excellent vin.
Doux & charmants objets de nôtre complaisance,
Declarés nous lequel a pour vous plus d'atraits,
Celuy qui sur vos cœurs a le plus de puissance,
Est celuy qu'avec vous nous boirons à longs traits.

       A iij

VINUM BURGUNDUM.

ODE.

TESTA, Burgundo gravidam liquore,
Quam Jocus circumvolat, & nitenti
Sanitas vultu rubicunda, & infons
    Rifus , Amorque :

Te canam fandi celerem magiftram,
Tu potes tardos homines docere ,
Improbus quos vix labor eruditas
    Fingat ad artes.

Te fugit nigrâ truculenta fronte
Cura. Quos urgens rigidis Egeftas
Obligat vinclis , tua, vi potente ,
    Pocula folvunt.

Anxio furgit cibus apparatu ;
Doctâ fed fruftra manus elaborat
Splendidis dulcem dapibus faporem ,
    Ni comes adfis.

Nam fuum Remi licet ufque Bacchum
Jactitent : æftu petulans jocofo
Hic quidem fervet cyathis , & aurâ
    Limpidus acri

Vellicat nares avidas ; venenum
At latet : multos facies fefellit.
Hic tamèn fpargat modico fecundam
    Munere menfam,

LE VIN DE BOURGOGNE.

ODE.

DOux ſuc, que la Bourgogne heureuſe
　Produit ſur ſes riches Coteaux,
De toy ſeul ma Muſe amoureuſe
Te conſacre ces chants nouveaux.
Liqueur charmante & ſans pareille,
Que ſuivent la Santé vermeille,
Les Graces, les Jeux & les Ris,
C'eſt toy qui fais les Demoſthenes,
Par toy la France comme Athenes
A vû naître de beaux Eſprits.

　Le noir ſouci fuit ta preſence,
Et de toy le pauvre enchanté
Au milieu de ſon indigence
Eſt plein d'eſpoir & de fierté.
En vain de cent Mets admirables
On vient offrir aux bonnes Tables
Les ſervices delicieux,
Si tu ne parois à la feſte,
Tout le regal que l'on apreſte
Aux Conviez eſt ennuyeux.

　Vante, Champagne ambitieuſe,
L'odeur & l'éclat de ton vin
Dont la ſeve pernicieuſe
Dans ce brillant cache un venin :
Tu dois toute ta gloire en France
A cette agréable apparence
Qui nous attire & nous ſeduit ;
Qu'à Beaune ta liqueur ſoumiſe
Dans les repas ne ſoit admiſe
Que ſagement avec le fruit.

Tu senum nutrix querulos benigno,
Lacte titillas, refovesque alumnos.
Ut valens per te redit in caduca,
Membra juventa !

Vatis effœtam-malè si reliquit
Igneus mentem calor, atque vena
Ingenî, dives modò quæ fluebat,
Si pigra torpet :

Tu caballino melior fluento
Suscitas Musam residem, & vigentes
Spiritus, grandique pares cothurno
Fortior afflas,

Quid ciet dirum tuba rauca bellum ?
Plus scyphi profunt. Ferus inde miles
Hauriat robur : peritura siccus
Vix trahit arma.

Sed datum Marti satis est cruento,
Aptior ludis simul & choreis
Evoca lentam, bona Testa, fausto
Nectare Pacem.

Nunc beant unctas tua dona cœnas,
Mox & in pagis resupina pubes
Tædium belli tibi tradet amplis
Mergere trullis.

Noxio lædat stomachum Lyæo
Prela quem passim subigunt, racemus;
Hic gravet nervos, caput angat ille
Perfidus hospes:

Tu subis nervis capitique sanâ ;
Nec levat tristes medicina morbos,
Ut latex pellit tuus, innocentis
Filius uvæ,

Beaune propice à la Vieilleſſe
Luy fournit un lait ſavoureux,
Qui redonne un air de Jeuneſſe
A ſes membres plus vigoureux.
D'abord que nôtre Eſprit décline
Et perd cette chaleur divine
Qui faiſoit mouvoir ſes reſſorts,
C'eſt toy qui rallumes ſa flamme,
Douce Liqueur, & de nôtre ame
Tu renouvelles les tranſports.

De toy naiſt la valeur altiere
Qui fait briller nos Eſcadrons,
Tu nous rends l'ame plus guerriere,
Que les Tambours & les Clairons.
Mais ne ſongeons plus à la guerre,
Inſpire la paix ſur la Terre
Toy qui n'aimes que les plaiſirs ;
En tous lieux porte l'allegreſſe
Et noye en tes flots la triſteſſe
Que nous cauſent de longs deſirs.

Il eſt des Vins dont la nature
Gaſte les ſens & la raiſon,
Des Vins de qui la ſeve impure
N'eſt qu'un tumultueux poiſon.
Pour Toy, Fille d'une Contrée
Des faveurs du Ciel honorée,
Tu remplis d'un baume innocent,
Et jamais le Chimiſte habile
Ne fit d'eſſence plus ſubtile,
Ni de remede plus puiſſant.

3

Somnus aversâ fugitivus alâ
Nil preces curat levis obftinatas ;
Fuderis rorem , revolabit imbre
Udus amico.

At verecundi violare leges
Liberi nobis fcelus efto ; téque
Speret haud æquam tua qui protervè
Munera tractat.

Perge vitali , pia Tefta , fucco
Principis corpus vegetum tueri ,
Salva quo falvo benè temnat omnes
Gallia cafus.

Vina fic , quæ fert ubicumque tellus ,
Victa decedant tibi , regiæque
Audias menfæ decus , & falutis
Optima cuftos.

BENIGNUS GRENAN,
Burgundus , Humanitatis Profeffor
in Harcurio.

Parmi ses vertus infinies
On sçait que ce Jus souverain,
Des ennuyeuses insomnies
D'abord assoupit le chagrin.
Mais que l'usage en soit modeste,
Ainsi qu'un autre il est funeste
A ces Beuveurs immoderés :
Oui, tu punis l'Intemperance
De l'abus que son insolence
Fait de tes Pots si reverés.

De mille biens source fertile,
Poursui, salutaire Liqueur,
LOUIS à son peuple est utile,
Rempli ce Heros de vigueur.
Tous les vins soumis à ta gloire,
T'abandonnerent la victoire,
Lors qu'il t'honora de son choix ;
Toy donc seule victorieuse,
Soutien la santé précieuse
Du Modele de tous les Rois.

DE BELLECHAUME.

CAMPANIA VINDICATA

Sive

LAVS VINI REMENSIS

à Poëtâ Burgundo eleganter quidem,

sed immeritò culpati.

O D E.

HUC te, Remensi nata solo, tui
Poscunt honores, nobilis Amphora
   Adesto ; Campanoque vires
     Adde novas animosa Vati.

Men' gratus error ludit, an intimis
Gliscens medullis insinuat calor;
   Venisque conceptus sonantes
     Se liquor in numeros resolvit ?

Quantùm superbas Vitis, humi licet
Prorepat ; anteit fructibus arbores ;
   Tantùm, orbe quæ toto premuntur,
     Vina super generosiora

Remense surgit. Cedite Massica
Cantata Flacco * Silleriis ; neque
   Chio remixtum certet audax
     Collibus * Aïacis Falernum,

Cernis micanti concolor ut vitro.
Latex in auras, gemmeus aspici,
   Scintillet exultim ; utque dulces
     Naribus illecebras propinet

* Vins de
Sillery ou
de Verze-
nay, &
d'Ay.

LA
CHAMPAGNE VANGE'E
OU LA LOUÁNGE DU VIN DE CHAMPAGNE.

ODE.

CHER FRUIT *des lieux de ma naiſſance,*
  Noble & merveilleuſe Liqueur,
Icy je ſoûtiens ta puiſſance,
Vien me donner de la vigueur.
Quelle charmante, & ſage yvreſſe,
Lorſque ta gloire m'intereſſe,
D'abord s'empare de mes ſens !
Sont - ce des illuſions vaines ?
Non, tes eſprits mûs dans mes veines
Forment d'harmonieux accens.

  Au ſuc de la Vigne rampante
Cede l'orgueil des plus hauts Pins ;
Ces Vins exquis que l'on nous vante
Cedent au ſuc de nos raiſins.
Oui, delicieuſe Champagne,
En vain l'Italie, & l'Eſpagne
Te diſputeroient cet honneur ;
Ton merite partout éfface
Ces fins Coteaux que priſe Horace ;
Et des Humains fait le bonheur.

  En couleur ton Nectar excélle,
Comme un Diamant précieux
Dont le vif plait, change, étincelle,
Et tout d'un coup ravit les yeux.
En odeur, il eſt une eſſence
Dont les eſprits vont par avance
Saiſir doucement l'odorat ;
Qu'il forme une agréable image,
Lorſque dans un mouſſeux nüage
On voit qu'il reprend ſon éclat !

Succi latentis proditor halitus ;
Ut fpuma motu lactea turbido
   Cryftallinum lætis referre
      Mox oculis properet nitorem ?

Non hæc inerti , non malè fervido
Sapore peccant pocula : nectare
   Tam blandiuntur delicato ,
      Quàm liquido placuêre vultu.

Non hæc , malignus quidlibet obftrepat
Livor , nocentes diffimulant dolos
   Leni veneno. Vina certant
      Ingenuos retinere Gentis

Campana mores. Non ftomacho movent
Ægro tumultum ; non gravidum caput
   Fuligine infeftant opacâ :
      Didita fed facili per omnes

* On a re-
marqué
que la Gra-
velle, & la
Goutte font
prefque in-
connuës à
Reims.

Flexus meatu, nec mala renibus
Triftis relinquunt femina * calculi ;
   Nec pœnitendâ fegniores
      Articulos hebetant podagrâ.

Ergo ut fecundis (parcere nam decet
Raro liquori) fe comitem addidit
   Menfis renidens Tefta ; frontem ,
      Arbitra lætitiæ, refolvit

Aufteriorum. Tunc cyathos juvat
Siccare molles : Tunc hilaris jocos
   Conviva fundit liberales ;
      Tunc procul alterius valere

Viles Lyæi relliquias jubet ,
Faftidiofus. Non meritas tamen
   Burgunda laudes invidebo
      Tefta tibi ; modò, te fecundâ,

A nos vallons les Cieux propices
Semblent se plaire en le formant,
Il en reçoit mille delices,
Il a l'œil, & le goût charmant.
Quoique dise la noire envie,
Il est salutaire à la vie,
Tendre & pur dans sa qualité,
Et des Peuples de la Champagne
Qu'un air de franchise accompagne,
A l'aimable simplicité.

Sa céleste temperature
N'appesantit jamais le corps,
Jamais n'afflige la nature
Par de tumultueux efforts :
Mais sans ravages, & sans peine
On sent couler de veine en veine
Le feu de ce Jus amoureux,
Qui par ses vertus admirables,
De mille atteintes deplorables
Defend le Champenois heureux.

Sitôt que sur de riches tables,
De ce Nectar avec le fruit
On sert les coupes delectables,
De joie il s'éleve un doux bruit,
On voit même sur le visage
Du plus severe, & du plus sage,
Un air joyeux, & plus serain.
Le ris, l'entretien se reveille,
Il n'est plus de Liqueur pareille
A cet Elixir souverain.

Des Vins fameux il est l'élite
Qui couronne les grands repas.
Beaune, je prise ton merite,
Mais que sur toy Reims ait le pas !

Regnet Remensis. Tu reficis gravi
Exsucca morbo corpora; languido
    Tu rore solaris caducam
      Mitior & refoves Senectam.

Nam quòd severas eluis efficax
Curas: quòd addis robora militi;
    Hoc & popinis hausta passim
      Vappa sibi decus arrogabit.

Vos, ô Britanni, (fœdera nam sinunt
Incœpta Pacis) dissociabilem
    Tranate pontum. Quid cruento
      Perdere opes juvat usque Marte ?

Lætis Remensem quàm satius fuit
Stipare Bacchum navibus; & domum
    Auferre funestis trophæis
      Exuvias pretiosiores !

At, qui procaci carmine munera
Campana vellit, Neustriaco miser
    Limo, vel acri fæce guttur
      Yvriaci recreet rubelli.

Offerebat Civitati Remensi
CAROLUS COFFIN, Remensis,
Humanitatis Professor
in Collegio Dormano-Bellovaco.
Anno Domini MDCCXII.

Oui, ta liqueur est salutaire,
Elle a la vertu de refaire
Les forces d'un corps en langueur,
Et comme une douce rosée
Humeétant la vieilleése usée,
Elle sçait luy flater le cœur

    Que du souci qui nous consume,
Elle ait encore le pouvoir
D'ôter la cruelle amertume,
Un vin sans nom le peut avoir.
Est-ce que seuls, & sans partage,
Beaune, tes Vins ont l'avantage
De donner du cœur au soldat?
Le plus vil l'enyvre de gloire,
Et sans douter de la victoire,
Il court en aveugle au combat.

    Aujourd'huy traversez les ondes,
Anglois, abordez dans nos Ports,
Et de nos collines fecondes
Venez partager les thrésors.
Tout prend une face nouvelle,
Et j'entends la Paix qui r'appelle
Déja vos funestes guerriers.
Quels biens vous auriez de nos Villes,
En preferant chez vous tranquilles
Vôtre Commerce à vos Lauriers!

    Et toy des Vins Juge insipide,
Fade Gourmet de leurs saveurs,
Qui plein de cet air qui decide,
De Reims vient blâmer les faveurs.
Pour expier l'offense insigne
Que ta Muse a faite à la Vigne
De nos Coteaux de Sillery,
Boi du Limon de Normandie,
Ou que ta langue trop hardie
Ne goûte que du Vin d'Yvry.

DE BELLECHAUME.

AD CLARISSIMUM VIRUM
GUIDONEM-CRESCENTIUM
FAGON,

REGI A SECRETIORIBUS CONSILIIS,

ARCHIATRORUM COMITEM,

Ut suam Burgundo Vino præstantiam adversùs
Campanum Vinum asserat.

SUmme Pæoniæ Magister artis,
Cui se Gallia tota debet, ex quo
Rex debet vegetam tibi salutem ;
Burgundus tibi supplicem libellum
Huc affert Bromius. Vides ut olli
Se summittere, turgidosque fasces,
Remensis neget arroganter Uva.
Illam compta cohors beatulorum
Stipant ; hanc miserè colunt, in unâ
Defixi faciunt beatitates.
Illam præterea ferociorem
Reddunt commoda non putanda parvi,
Si se contineat : color vel ipso
Pellucens mage, puriorque vitro ;
Subtilis sapor, & vibrante flammâ
Obtusum licet, atque iners palatum
Efficax pupugisse : odorque, qualem
Quisquis nare semel bibat sagaci,
Illum combibat usque & usque odorem
Nec se sit potis abstinere ab illo.
Hæc tot commoda non putanda parvi
Rivalem faciunt ferociorem.
Hinc inversa scyphis tumet, fremitque ;
Spumasque agglomerat furore mixtas,
Æstuans, levis, inquies, proterva.

A MONSIEUR F**

REQUESTE.

Hippocrate François, dont l'art sçut à la France
Dans LOUIS conserver sa gloire & sa puissance;
Docte F** permets que sur un nouveau fait
La Bourgogne aujourd'huy te presente un Placet.
Assez & trop long-temps ma discrette droiture
De la fiere Champagne a souffert l'imposture:
Quelques faux délicats qui la suivent toûjours,
Tiennent à mon sujet d'injurieux discours.
Elle est tout leur bonheur, toutes leurs espérances,
Ils luy donnent sur moy d'injustes préférences,
Et ce qui la remplit de plus fiers sentimens,
C'est d'un brillant trompeur les foibles ornemens.
Qu'elle plaise à leurs yeux, & cesse ses outrages,
J'approuve volontiers tous ses vains avantages;
Que son Nectar par eux à tous momens vanté,
Du verre transparent ait toute la clarté;
Qu'il flatte, je le veux, d'une saveur subtile
Le palais le moins fin & le plus imbecile;
Qu'il soit encor doüé d'une si douce odeur,
Qu'elle rappelle à luy sans cesse son beuveur.
C'est là tout ce qui rend la Champagne si fiere,
J'y souscris, mais je hay son arrogance altiere.
Enflez du même orgueil tous ses vins bondissants
N'élevent que des flots écumeux, fremissants:
Leur liqueur furieuse inconstante & legere,
Étincelle, petille & boüt dans la fougere:
C'est de cette liqueur qu'un Poëte enyvré
Déclamant contre moy se sert d'un style outré;

Quin & exacuit fero liquore
Vatem in nos animofior; fonantes
Imò fe in numeros loquax refolvit !
Ut, Teftam indocilis pati tot annos
Menfarum dominam elegantiorum;
Teftam deprimeret procax, novamque
Fronti fplendidulæ adderet coronam.
Et jam turgida. futili triumpho ,
Cuppis luxurians in ebriofis ,
Gemmarum fegetem micantiorum
Per convivia lætiora jactat.

* Jam caput fibi , quotquot orbe totò
Nafcuntur , generofiora vina
Inclinare latex jubet tyrannus.
Nil pofthac tibi proderit , Falernum ,
Magnus quòd fidicen lyræ latinæ
Te plectro haud imitabili facravit,
Et latè dedit imperare vinis.
En fceptrum Uva tibi rapit fuperba ;
Rex olim, imperio novi Poëtæ
Nunc plebecula vilis , hanc adoras.
Nil noftro quoque proderit Lyæo
Quòd dulci utile mitior maritat.
Ipfe & Silleriæ jubetur Uvæ,
Menfarum dominam elegantiorum,
Pronam advolvere, fubditamque Teftam.
Quid ? vultu ille nitens benigniori,
An fub limpidulo colore mendax
Celat toxica ; blandienfque tortor,
Mordaci ftomachum exedit veneno ?
Annè adulterat impios liquores
Calculus comes, & comes podagra :
Turba & fertilis innatat malorum ?
Rivalem exprimat hæc imago Vitem.

Ergo, Pæoniæ Magifter artis,
Burgundus tibi fe, fuofque honores

li ele-
iffi-
Oden
infcri-
,
pan'a
icata.

C'eſt, en m'injuriant, l'ardeur de ſon genie
Qui ſe réſout, dit-il, en nombreuſe harmonie.
L'ambitieux deſſein qu'il conçoit dans ſon cœur
Eſt d'abaiſſer, s'il peut, l'éclat de ma liqueur:
Il fait tous ſes efforts pour luy ravir l'empire
Et donner la Couronne à celle qu'il admire.
La Champagne qui croit que ſon triomphe eſt ſeûr
Déja s'enorgueillit de ſon regne futur.
On voit de toutes parts ſa liqueur effrenée,
De Bijoux éclattans ſuperbement ornée,
Aller de table en table étalant ſes appas,
S'inſinuer ainſi dans les meilleurs Repas;
L'inſolente commande, & ſûre des ſuffrages,
Des plus grands Vins en Reine exige les hommages;
Elle veut l'emporter ſur les plus genereux,
Se les aſſujettir & dominer ſur eux:
Sitoſt que regnera cette Liqueur moderne,
Que deviendront alors tes honneurs, ô Falerne?
Des Vins, Toy, qui d'Horace eſt réconnu le Roy,
De la Champagne enfin tu ſubiras la loy?
Un Poëte du temps, un fier & jeune Horace,
A transferé le ſceptre, & dans Reims il le place.
Moy, Bourgogne, j'irois fléchir à ſes genoux,
Moy dont les Vins fameux ſont ſi ſains & ſi doux?
Quoy donc! n'ont-ils pas l'œil & le gouſt agréable?
Cachent-ils ſous leur luſtre un poiſon déteſtable?
Et ne plaiſant qu'aux yeux par un éclat trompeur,
Portent-ils à la tête une noire vapeur?
Bleſſent-ils l'eſtomac, & leur ſeve infidelle
Donne-t'elle aux Humains la goutte & la gravelle?
Sont-ils triſtes auteurs de mille infirmitez?
Ma Rivale ſuperbe a ces proprietez.

   Ainſi, Docte F ** il s'agit de ma gloire,
Contre ce faux Cenſeur qui ternit ma memoire,
Daigne me ſecourir de ton autorité,
De ſes diſcours hautains reprime la fierté,

Commendat Bromius : rogatque contra
Audaces numeros, modofque, largæ
Quos vix pulmo animæ capax anhelet ;
Contra & delicias beatulorum
Ut linguam fibi commodes pattonam,
Compefcafque animos ferocis Uvæ,
Hoc fe jure fuo rogare cenfet,
Si lenis tibi femper, atque fauftus
Afperfit calices modeftiores :
Si judex fatis indicavit ufus,
Rivalem ut bonitate vincit Uvam,
Quamquàm, te moderante, fanitatem
Regis fi fovet innocente fucco ;
Regis, cujus adhuc virens feneetus
Integræ nihil invidet juventæ :
Quid grandes numeros, modofve curet ?
Quid faftum metuat beatulorum,
Et faftidia delicatulorum ?
Hoc erit titulo fatis beatus.

BENIGNUS GRENAN,
Burgundus, Profeffor Humanitatis
in Harcurio.

Prononce en ma faveur un avis qui rabatte
De ces petits Gourmets la troupe délicate.
Juge experimenté tu n'approuveras pas
L'orgueil d'une Liqueur qui prend sur moy le pas,
Auprés de toy je crois avoir quelque merite,
Si mon vin fut toûjours ta liqueur favorite,
Si l'usage pour moy cent fois t'a convaincu
Combien je surpassois ma Rivale en vertu.
Toutefois qu'ay-je à craindre ? En vain la jalousie
Vient s'attaquer à moy, que le Prince a choisie,
Ce Prince dont l'air sain, que maintient ma liqueur,
De la Jeunesse encore a l'ardente vigueur.
Pourquoy m'embarrasser d'un tas de petits Maîtres,
De Censeurs pleins de goûts dépravés & champêtres ?
Ma gloire & mon bonheur est de plaire à la Cour
D'un grand Roy, dont je fais & l'estime & l'amour.

DE BELLECHAUME.

DECRETUM
MEDICÆ
APUD INSULAM * COON
FACULTATIS
Super Poëticâ Lite

CAMPANUM INTER ET BURGUNDUM VINUM
ortâ.

Post editum à Poëtâ Burgundo Libellum supplicem.

* Hippo-
cratis Pa-
triam.

QUando ad Tribunal se stitit nostrum reus
   Burgundus ille Bromius, & nobis suos
Supplex honores asserendos tradidit,
Mœrente voltu, voce lacrumabili :
Æquum'st relicti solitudinem Senis
Respicere, probris vindicare ab omnibus,
Latamque misero velle, quî fas est, opem.
   Olli Remensis scilicet tristem notam
Inussit Amphora, ausa quæ nuper fuit
Fastu insolenti & latice lymphatum impio
Vatem sonantes mittere in versus furens ;
Quo lætâ defensore volitat, ebriis
Blandum vaporem naribus passim ingerens,
Gemmasque jactat & decus crystallinum,
Tetricamque Burgundi indolem ridens Senis,
Longè Amphorarum ait esse jocondissima.
   Sed & nocere sanitati se nihil,
Decreta contra, proh scelus ! Machaonum,
Contraque Coï oraculum haud fallax Senis,
Effutit impudenter, Usu judice.
Quæ si ferantur ulteriùs, heu ! jam omnia
Sus déque vorti seriùs lugebimus,
Nec quidquam inausum temeritas linquet procax.

DECRET
DE LA
FACULTE' DE MEDECINE
DE L'ISLE DE CO,
Rendu sur la Requête cy - dessus.

SUR la Requête presentée
Par la Bourgogne maltraitée,
CONTENANT qu'au mépris des loix,
Et reglemens faits autrefois,
La Champagne aujourd'huy rebelle
S'attribuant des droits sur elle,
A suscité certain rimeur
Dont elle empoisonne le cœur,
De qui la verve petulante
Deshonore la Suppliante ;
Depuis qu'il prend ses interets,
Qu'elle est plus fiere que jamais,
De tous côtez d'un air yvrogne
Triomphe, & rit de la Bourgogne,
Dit, exaltant son Jus fatal,
Qu'il a le brillant du cristal,
Que cet éclat qui fait sa gloire
Partout remporte la victoire ;
Contre l'Usage, & nos Decrets
Qui condamnent ses vains attraits,
Soûtient qu'il est sain, & paisible,
Et qu'il ne fut jamais nuisible :
Que si l'on souffroit plus long-temps
Ces desordres exorbitans,
Les traits de sa noire Satyre
Sans doute iroient de pire en pire.

Ergò ut mifello Supplici fiat fatis,
Novæque frena dentur ut licentiæ,
Priùs inimicâ quàm malum invaleat morâ,
Cenfet falubris Archiatrorum Cohors
Hoc fanciundum comitiis folennibus.

Volt, fama conftet farta tecta Supplici ;
Qualem omne femper Æfculapium génus,
Autore Coo, afferuit olli firmiter.
Eluito curas igitur, ut priùs, Senex

Burgundus ille ; pauperi addito cornua ;

Refides ad arma acuito milites potens ;

Liquore miti accerfito fomnos leves,

Mufamque vividus excitato torpidam ;

Regnato menfis unus. Alma fic comes

Hygiæa febres corpore avortat malas,

Longofque præfens det potirier dies.

Jam quod Remenfis Amphoram fpectat foli ;
Pœnas oportet arrogantiæ luat,
Idque orbe toto cognitum oppidò fiet ;
Alias ut olim comprimat metus Amphoras.

Nunc ergo cœnis exulato ab omnibus ;
Molli vetator delicatum vellere

Guttur falivâ. Niteat illâ liquidior

Neuftriacus ifte limus ; illâ fuaviùs

Titillet hauftus dolio Yvriaco latex :

Olfacere quifquis Improbam audebit ; ftatim

In hunc (perito quippe fic placitum Choro)

Ultrix Podagra, & Calculus tortor ruat,

A CES CAUSES, *comme il est dû,*
Voulant qu'il soit sur ce pourvû,
Avant qu'augmente la licence,
Que tout allant en decadence,
Il n'en arrive un plus grand mal,
Nôtre Conseil Medecinal
Sans retard veut, entend, ordonne
Que nôtre chere Bourguignonne
Digne de la table des Rois
Soit maintenuë en tous ses droits,
Tels que depuis son origine
Luy confirma la Medecine ;
Qu'elle ôte les soins odieux,
Rende le Pauvre audacieux,
Inspire au Soldat du courage
Comme il fut prouvé par l'usage,
Et que d'une Muse en langueur
Elle r'anime la vigueur,
Qu'elle seule domine aux Tables,
Cause des sommeils delectables ;
Pour la santé du corps humain
Soit un remede souverain ;
Qu'elle ait enfin malgré l'envie
Le don de prolonger la vie.
 Afin que le crime à punir
Serve d'exemple à l'avenir,
Entend que la honte accompagne
Partout l'orgueilleuse Champagne ;
A ses Vins pleins de faux appas
Défend l'entrée en tout repas ;
Ordonne que leur seve plate
Doresnavant n'ait rien qui flate,
Que le Cidre soit plus brillant
Le Vin d'Yvry plus excellent,
Que qui les flaire, ou qui les goûte,
D'abord soit atteint de la goûte ;

Fluorque ventris teter, & capitis dolor,
Et faucium importuna strangulatio,
Et lenta Phthisis, & tota Morborum cohors:
Nec, cùm jacebit lectulo affixus, gemens,
Divæ experitor Artis efficaciam.
Quin ista serpat ad animum contagio:
Et mente tardâ, pingui & ingenio fiet,
Bœota quale terra parturit pecus:
Vel quale Belgica procreat cervisia.

  Ast qui nefandis versibus tutarier
Ausu'st Protervam, toxico Illius miser
Proluitor usque & usque; nec domet sitim.
Si quando carmen cudere incipiet novum,
Rigescat olli vena pejus marmore;
Et invenustos durus extundat modos,
Vix Mæviorum stulto adoptandos gregi.

  Jubetor autem charta sceleris conscia,
Inepta charta, prohibiti fautrix meri,
(Ne se elegantem fortè & egregiam putet)
In vestiundis pharmacis putrescere.

Datum in Insulâ Coô
Anno 40. Olymp. 91?.
C. C. R. Facultatis Scriba.

De la Gravelle ait les tourmens,
Rhûmes, Coliques, Devoyèmens,
Douleurs de tête, & de poitrine,
Sans secours de la Medécine,
Que tous maux viènnent le saisir,
Car tel est nôtre bon plaisir;
Comme un Flamand Bûveur de Biere
Qu'il soit plongé dans la matiere,
Comme un Huron qu'il soit brutal,
Et n'ait dans luy que l'animal:
　　Pour punir sa Verve indiscrete,
Ordonne aussi que le Poëte
Qui protege cette liqueur,
S'en noye à tout momènt le cœur,
Sans que sa soif demesurée
En soit jamais desalterée;
Veut de plus qu'au sacré Vallon
Il soit rebuté d'Apollon;
S'il arrive qu'il versifie,
Que sa veine se petrifie,
Que ses vers François, où Latins
Soient durs, & dignes des C ＊＊
　　Veut en outre que ce Libelle
Ecrit de sa main criminelle
Jamais ne soit d'aucuns vanté
Pour son tour, ny pour sa beauté;
Et comme un ridicule ouvrage
Le condamne au plus sale usage.

DE BELLECHAUME.

A MESSIEURS COFFIN ET GRENAN,
Professeurs des Belles Lettres,
sur leurs Combats Poëtiques,
au sujet des Vins de Bourgogne & de Champagne

ODE.

Vivez en paix sur le Parnasse,
  Amis, à quoy bon vos combats ?
Voulez vous imiter Horace ?
Parmi les Ris suivez ses pas.
  Plein du Falerne, & du Massique
De ces Vins il chanta le nom,
Animez vôtre voix lyrique
Du Champagne, & du Bourguignon.
  Pour connoître la difference
Du Nectar de Beaune, & de Reims,
Il faut mettre vôtre science,
A bien gouter de ces deux Vins.
  Joignez ces Liqueurs ravissantes,
Vous ferez des vers plus charmants,
Laissez aux Muses languissantes
Boire la Liqueur des Normands.
  En même temps épris des charmes
Et d'Apollon, & de Bacchus,
A tous les deux rendez les armes :
Quel plaisir d'en être vaincus !
  Ces Dieux, Juges de vôtre cause,
Ont leur siége parmi les pots,
Venez ; des Vers, & de la Prose
Ils vont vous faire les Heros.

DE BELLECHAUME.

TRADUCTION
DU MESME DECRET
PAR UN AUTRE AUTEUR.

SUR ce qu'à nôtre Tribunal
Aux fins d'arrest Medecinal
Represente Dame Bourgogne,
Dame habile à rougir la trogne,
DISANT, qu'un noir accusateur
Vient l'attaquer en son honneur,
Et que d'une voix lamentable
Elle se plaint que sur la table
Au commencement du repas
Ses yeux rouges ont moins d'appas,
Qu'au dessert certaine cabale
N'en trouve en ceux de sa rivale :
Il est juste que sans retard,
A sa Requête ayant égard,
Nous prenions en main sa defense,
Et luy donnions la préference.

　　Le cas est que certain Rimeur
Enyvré de la belle humeur
Où l'avoit mis sa Champenoise,
A Bourguignonne cherchoit noise
Sur la Vigne de son pays,
Dont nous sommes moult ébahis,
Tant grossiere est la medisance,
Aussi nous en aurons vengeance.

　　Qui des deux te semble meilleur,
Luy disoit-il d'un ton railleur,
Admirant son vin dans un verre ?
Le plus excellent de Tonnerre
A-t'il ce brillant, ce fumet ?

J'en appelle au premier gourmet :
Il n'a que du corps & point d'ame ;
Là deſſus luy chantoit la gamme.

Deplus au mépris des Decrets
Des-Medecins les plus diſcrets
Dans la Faculté la plus ſage,
Il prenoit à témoin l'uſage,
Que ſon vin, loin de faire mal,
Etoit même plus pectoral ;
Vit-on jamais telle inſolence ?
Si pourtant on avoit créance
Au dire de cet Impoſteur,
Et ſur nous s'il étoit vainqueur,
Tout iroit, malgré l'Ordonnance
En peu de temps en décadence.

Donc, pour punir cet attentat,
Qui ne peut que troubler l'Etat,
Et contenter la Suppliante,
Que nous connoiſſons innocente,
Pluſtoſt que par retardement
Le mal augmente tellement,
Que de toute la teriaque
Il ſoutienne & brave l'attaque,
Nôtre celebre Faculté
Ce qui s'enſuit à decreté.

Primò, qu'il ſoit dit dans le monde,
Que de la Bourgogne feconde
Par tout on doit boire le vin
Pour le meilleur & le plus fin :
De tout temps nôtre Aréopage
D'Elle rendit ce témoignage.

Secundò, comme auparavant
Qu'il rende orgueilleux l'Indigent,
Qu'il anime les Gens de guerre,
Que, comme un pavot ſomnifere,
Des Conviez dans le Feſtin

Il affoupiffe le chagrin,
Qu'au Poëte il foit favorable
Et qu'il regne feul fur la table.
   Tertiò, que de tout venin
Dont foit gafté le cœur humain,
L'afpect feul de ce Jus fidele
Diffipe la vapeur mortelle.
   Quartò, que la Déeffe enfin
Fille du Cerveau de Jupin,
Hygyne aux maux fi formidable,
De ce Vin foit inféparable :
Que l'un & l'autre de concert
Mette les Beuveurs à couvert
De toute chaleur inteftine,
Ainfi que fait la Medecine,
Et que contre une prompte mort
Remede aucun ne foit plus fort.
   Quant à la rivale bouteille
Dont l'accufateur dit merveille,
Il eft temps d'arrêter le cours
De fes impertinents difcours,
Et luy faire porter la peine
De l'entêtement qui l'entraine ;
Les autres vins à fes dépens
Rendront fages leurs Partifans.
   Qu'à prefent donc vin de Champagne,
Ou de riviere ou de montagne,
Soit banni loin de tout repas,
Que l'on craigne fes faux appas,
Cette liqueur eft meurtriere,
Que pluftoft fous une gouttiere
On fe défaltere de l'eau
Qui s'y reçoit dans un Cuveau ;
Que le limon de Normandie,
Qu'une abondance d'eau rougie,
Que d'Yvri le jus prunelleux

Semble meilleur & plus vineux.

Et si contre l'obéissance
Qui se doit à nôtre ordonnance
Quelqu'un le flairoit seulement,
La Faculté pour lors entend,
Que son sang forme éresipele,
Qu'il ait la goutte & la gravelle,
Que son ventre, comme un tonneau
Qu'on défonce à coups de marteau,
Se débondonne dans ses chausses ;
Et pour le mettre à toutes sausses,
Que la Migraine dans l'instant
De sa teste en distille autant,
Que l'importune esquinancie
Se joigne à la lente phthisie,
Qu'en un mot tous les maux alors
Se réunissent dans son corps.

Plus, fait à ses Suppôts défense
D'apporter aucune allegéance
A quiconque au lit étendu
Souffrira pour en avoir bû :
Veut aussi que la maladie,
S'il ne chante palinodie,
Passe à l'esprit incontinent ;
Qu'il l'ait lourd, hebeté, pesant,
Comme peuple de Beotie
De raison qui peu se soucie,
Ou comme de grossiers Flamands,
Dont la Bierre abrutit les sens.

Item, aprés cette Sentence
Aux lieux de nôtre dépendance
Et partout où il nous plaira,
Même à Reims où besoin sera,
Avec colle bien affichée
Sans qu'elle puisse être arrachée,
Si quelqu'un dans tout l'univers

S'avife de faire des Vers ;
Ou contre Beaune il fe déchaine,
Nous ordonnons que pour fa peine
Sa verve s'enroüille à tel point,
Que le plus détergent vieux-oint
Ne la puiffe jamais remettre,
Ou que fa piece foit fi pietre,
Que les écrits de Mævius
Paffent auprés pour du Phébus.

Plus, faifant droit fur la demande,
Condamnons l'Auteur à l'amande,
Voulons auffi qu'il ait le cœur
Toûjours noyé dans fa liqueur,
Qu'il s'en empoifonne à plein verre
Sans jamais qu'il fe defaltere.

Voulons qu'à confifcation
Soit mife l'Ode en queftion :
Que nos vaffaux Apoticaires
En ramaffent les exemplaires
Pour envelopper leurs onguents,
Si mieux n'aiment à leurs Chalands,
Aprés certain petit breuvage,
Les porter pour un autre ufage.

Donné dans la ville de Cô,
Publié par la Nymphe Echo
De la quatre-vingt-onziéme
Olympiade, An quatriéme,
Signé par moy Greffier en chef
De la Faculté. Beau relief !

DE EODEM ARGUMENTO
MISSA AD BURGUNDUM POETAM
Ipsâ die Bacchanaliorum nonâ Februarii 1712.

EPISTOLA.

QUid juvat innocuas accendere in arma Camœnas ?
Quid juvat imbelli bella movere ſtylo ?
Hic menſis Campanâ vetat, vetat ille reponi
Pocula Burgundi quæ tulit uber agri.
Eſt vatum Bacchus, Vatum Deus alter Apollo,
Parnaſſi pars eſt cuique dicata Deo.
Præſidet hic Paci, Bellum fovet ille, jubetque
Plenos pro telis vulnera ferre ſcyphos.
Verſibus hinc cauſam malè defendiſtis, uterque ;
Certandum cyathis (res tulit ipſa) fuit.
Has dirimit Bacchus præſenti numine lites,
Cùm dedit haud parco corda calere mero.
Campanis quantùm cedat Burgundia cellis,
Cùm vinum in cyathos fudit, utrumque docet.
Ergo age: lux quoniam genio eſt hæc ſacra, bibamus.
Scribe locum, venio; quóque vocàris, eo.

LETTRE

Sur le même sujet, qui fut envoyée à M. Grenan,
le Mardy gras dernier 9e Fevrier 1712.

TRADUCTION.

Qu'est-il besoin pour des Liqueurs
De mettre en guerre les neuf Sœurs ?
Vous sçavez par experience
Que leurs armes sont sans defense.
L'un demande dans le festin
Qu'on n'ait du goust que pour son vin,
Et l'autre, enteté comme un diable,
Ne veut que le sien sur la table.
Phœbus & Bacchus sont deux Dieux
Que les Poëtes ont pour eux :
Aussi tous les deux ont leur place
Au double sommet du Parnasse.
Le premier preside à la paix,
L'autre ne la souffre jamais,
Il veut toûjours qu'on soit en guerre,
Et qu'on la fasse à coups de verre.
Il étoit donc plus à propos
Que sur le champ parmy les pots
Vous vuidassiez vôtre querelle,
Que de vous user la cervelle,
C'eut esté pour lors que Bacchus,
Vous voyant remplis de son jus,
Mieux qu'Apollon par sa presence
Vous eut montré la difference
Qu'on doit faire de ces deux Vins :
Et saisi des charmes divins
Que Reims enferme en sa bouteille,
Vous la trouveriés sans pareille.
Ainsi, puis qu'à nous humecter
Ce jour semble nous inviter,

Tu Belnenſe dabis, noſtrum Remenſe ſequetur;

Nos niſi malueris ſumptibus ire tuis;

Si modò Neuſtriaco ſitientia guttura limo

Qui recreant, menſis hos procul eſſe voles.

Burgundo Remum par eſt ſociare bibendo,

Arbiter & vini eſt potor uterque bonus.

AD EUNDEM

EPIGRAMMA.

QUid trahis ad Medici certantia vina tribunal?

Ni periit, ſaltem nunc tua cauſa malá eſt.

Num bona Grenano quæ defendente laborat?

Num valet auxilium quæ petit à Medicis?

Ne differons pas davantage.
Ou de Beaune ou de l'hermitage
Vous nous fournirez le plus fin
Puis nous en boirons de Coffin, *
Si mieux n'aimez par complaisance
Fournir vous seul à la depense :
Mais avec nous point de Normands,
Sur ce fait ils sont ignorants.
Vn franc Bourguignon se fait gloire
D'estre avec un Remois à boire.
Ils sont tous deux bons connoisseurs,
Et ne sont pas moins bons buveurs.

* M. Coffin a reçu de la ville de Reims un present considerable de vin par reconnoissance pour son Ode.

AU ME'ME

EPIGRAMME.

A ce que je me persuade,
Sur la qualité des bons Vins,
Grenan, ta cause est bien malade,
Tu consultes les Medecins.

SUR LES PARTISANS

DE L'EAU ET DU CIDRE &c.

AU PREJUDICE DES VINS.

EPIGRAMME.

Dans l'Eau, pour qui la boit, gist la mélancolie :
Dans le Jus du beau Fruit qui croît en Normandie
On ne trouve que fraude & qu'infidelité ;
Ce n'est que dans les Vins qu'on voit la verité.

EPIGRAMMA.

Tristis semper adest Abstemius ; usque dolosus
Est humor Siceræ ; Vina sed ingenua.

Permis d'Imprimer, à Paris ce 15. & 22. Mars 1712.
M. R. DE VOYER D'ARGENSON.

Registré sur le Livre de la Communauté des Libraires
& Imprimeurs de Paris, N° 229 & 230. conformément
aux Reglemens, & notamment à l'Arrest de la Cour du
Parlement du troisième Decembre 1705. A Paris ce 29.
Avril 1712.

L. JOSSE, Syndic.

www.ingramcontent.com/pod-product-compliance
Lightning Source LLC
Chambersburg PA
CBHW060500210326
41520CB00015B/4029